探索 **宇宙奥秘**

星座探究

科普文化站◎主编

应急管理出版社
·北京·

图书在版编目（CIP）数据

星座探究／科普文化站主编．－－北京：应急管理
出版社，2022（2023.5 重印）
（探索宇宙奥秘）
ISBN 978－7－5020－6142－5

Ⅰ.①星…　Ⅱ.①科…　Ⅲ.①星座—儿童读物　Ⅳ.
①P151－49

中国版本图书馆 CIP 数据核字（2022）第 035166 号

星座探究（探索宇宙奥秘）

主　　编　科普文化站
责任编辑　高红勤
封面设计　陈玉军

出版发行　应急管理出版社（北京市朝阳区芍药居 35 号　100029）
电　　话　010－84657898（总编室）　010－84657880（读者服务部）
网　　址　www.cciph.com.cn
印　　刷　三河市南阳印刷有限公司
经　　销　全国新华书店

开　　本　880mm×1230mm$^1/_{32}$　印张　24　字数　430 千字
版　　次　2022 年 11 月第 1 版　2023 年 5 月第 2 次印刷
社内编号　20200873　　　　　定价　120.00 元（共八册）

　　宇宙是怎么诞生的？银河系是如何被科学家发现的？除了太阳，太阳系家族还有哪些成员？恒星离我们有多远？月球车在月球上发现了什么？航天员在太空中是怎样生活的……宇宙是如此浩瀚而神秘，激发着我们的好奇心和求知欲，驱使着我们不断地去探索、去揭开那些鲜为人知的奥秘。

　　为了满足孩子们的好奇心和求知欲，激发他们的科学探索精神，我们精心编排了这套《探索宇宙奥秘》丛书。这是一套图文并茂的少儿科普书，集趣味性、知识性、科学性于一体，囊括了太阳系、银河系、地球、恒星、月球等天文学知识。本系列丛书从孩子的视角出发，精心选取孩子感兴趣的热门话题，根据他们的阅读特点和认知规律进行编排，以带给孩子美好的阅读体验。

　　赶快翻开这本书，让我们一起推开未知世界的大门，尽情感受宇宙的广阔与奥妙吧！

目录

星 座

在美丽的星空中，恒星总会被想象力丰富的人组合成各种图案。出于对恒星排列的兴趣，也为了认星方便，人们把一些位置相近的星连起来，将星空划分成若干区域，每个区域就是一个星座。

星座的起源

超神奇！

除了星座之外，一些广泛流传但是没有被正式认可为星座的星星的组合被称为"星群"，如北斗七星等。

四大文明古国之一的古巴比伦，是西方星座的发源地。为了更好地掌握季节的变化，以配合生产，充满智慧的古巴比伦人注意到了天上星星的排列会随着季节的

变化而变化，于是，他们将夜空划分为不同区域，并命名为"星座"。大约公元前1000年，古巴比伦人一共划分出了30个星座。古希腊天文学家在古巴比伦人的基础上对星座进行扩充，整合出了古希腊星座表。公元2世纪，古罗马天文学家托勒密结合当时的天文发现，整理出了48个星座，通过线条把它们的主要亮星相连，联想成人或动物的形象，并结合神话传说给它们取名，这就是星座名称的由来。此后，这些充满神话色彩的星座名称一直被人们使用着。

宇宙科学馆

我国很早就有关于三垣、二十八宿的星空体系的记载，不过其划分范围要比现代星座小。三垣是北天极周围的3个区域，分别是上垣太微垣、中垣紫微垣、下垣天市垣。二十八宿是黄道附近的28组星象的总称，分别是东方七宿、西方七宿、南方七宿、北方七宿。

1922 年，国际天文学联合会出于天文学研究的需要，统一了天文学中星座的定义。1928 年，国际天文学联合会用拉丁文规定了 88 个星座的学术名称和缩写符号。

星座为人类指路

在航海技术落后的年代，航海家们在一望无际的大海中航行，没有灯塔、路标或是指南针帮他们分辨方向。古代的航海家们根据长期航海的经验，将夜空中的星星及它们组成的星座当作方向标。

比如，对北半球的人来说，北极星是用来确定方向的最重要的星星。北极星是最靠近北天极的一颗恒星，

而且它的位置是不变的，所以北极星所在的方向就是北方。

　　另外，恒星之间的相对位置是固定的，而且不管在哪个季节，黄道星座都严格按照从西向东的顺序排列，因此人们还可以利用一些星座之间的相对位置来辨别方向。举例来说，每年1月底到2月初的夜晚，猎户座的"腰带"（连接成一条线的3颗星星）在天空的南边，它所在的方向就是正南方。总之，人们可以根据星座的相对位置，判断出大致的方向。

天 球

"天球"是一个虚构的概念，它将复杂的宇宙简化为类似地球的球体。天球是方位天文学上很实用的工具。

假想球体

地球是被数不清的星体围绕着的，天文学家们为了确定这些星体的位置，假想它们都处于一个巨大的球体表面，而我们的地球就被这个球体包裹着。这个与地球有相同的球心、相同的自转轴，并且半径无限大的球体就是天球。将地球的赤道和地理极

超神奇！

在古希腊学者亚里士多德和古罗马天文学家托勒密提出的天体模型中，天球不只是一个几何投影，还被想象成一个实体。

点投射到天球上，就是天球赤道和天极。

我们无法仅凭肉眼判断出空中任何物体之间的距离，只能通过它们的朝向找到其在空中的方位。不过，有了天球这个假想的模型，天文学家就可以准确描述星体的位置。

为了将天体的位置图像化、精确化，天文学家设计了一套坐标系统来标示星体在天球上的位置。这套坐标系统类似于地球上惯用的经纬度坐标。

天文学家把这套坐标系统中的经纬度分别叫作赤经和赤纬，又用天球赤道把天球分为南天球和北天球。同样的，北回归线和南回归线、天北极和天南极，都可以在天球上找到。通过量化天球上各种物体的方向，可以建构出各种天球坐标系统。由此可见，天球就成了一种非常有用的天体定位工具。

宇宙科学馆

太阳每年在空中转动一圈，其移动轨迹被称为黄道，黄道会与天赤道相交于两点，即秋分点与春分点。

9

星 图

星图相当于"星星的地图",是将天体在天球上的投影绘制在平面上的图。在天文学中,它是一种用于观测星体和定位的重要工具。

星图种类

星图通常分为四季星图、每月星图、活动星图和全天星图4种。

四季星图是把春夏秋冬4个季节的星空分别画在4张图上,是按照天体从天顶垂直投射到大地表面的投影来绘制的,因此这4幅图都是圆形的。其边缘标有相应的地理纬度,还有东、西、南、北4个方向。圆心在头顶上空,即天顶。通常四季星图只绘制3等或4等的恒星,一些开本比较大的图也可绘制到5等。由于没

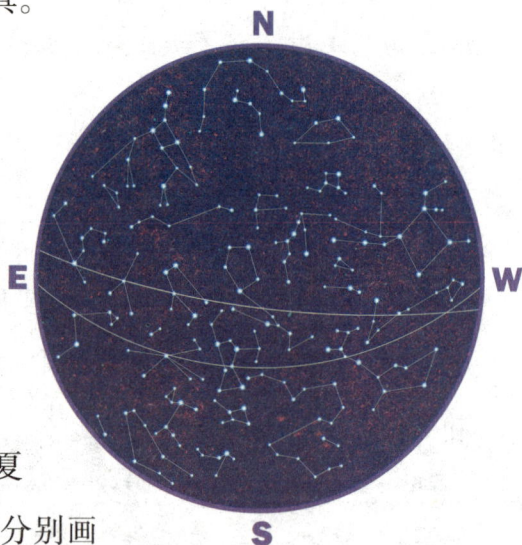

画暗星，因此亮星比较显眼，很适合初学者使用。

每月星图就是把每个月的星空分别绘制成图。每月星图与四季星图的使用方法是相同的。

活动星图又叫旋转星图，是一种使用起来十分方便的星图。它由底盘和上盘两个圆盘组成。底盘可绕中心旋转，上面绘有星空，盘周有坐标，并标有月份和日期。上盘有地平圈和东西南北4个方位的切口，盘周还注有时刻。使用时，首先需要旋转底盘，使底盘上的当日日期与上盘的观测时刻对准，这时上盘地平圈切口内显露出来的部分就与当时可以看见的星空相同。把活动星图举到头顶上，使星图的南北方向与地面上的南北方向一致，就可以对照星图认识星空了。

全天星图则是将整个星空所有分区进行详尽绘制的星图。全天星图将天球分为南北

超神奇！

古人很早就开始绘制星图了。公元8世纪初唐中宗时期，古人绘制在绢上的敦煌星图是现存最古老的星图。

天，分别投影在两个圆上。此类星图对那些已经比较熟悉星空，并且打算进一步观测星云、星团、双星、变星、星系，或者那些准备发现新彗星的天文爱好者来说是很有必要的。

星图的描绘

星图是平面的，这就意味着一些天体的方位会有误差。为了减小这种误差，我们将天空分成几部分。为了精准地确定恒星和各类天体的位置，星图上都标有赤纬线、赤经线等。天空中的天体则用黑点表示，天体的亮度越大，黑点越大。在黑点之间，还标有星座连线。

需要注意的是，一些移动明显的天体，如彗星、月球、行星等，是不会被画在星图上的，除非需要特别针对某些天象时。

星图的使用

星图对于天文学家的重要

性，就如同地图对于旅游者一样。

使用星图时，根据星图上的方位、日期等要素，结合我们所处的地理纬度观察夜空就能找到目前能看到的星体。由于在南北半球观察到的情景是不同的，而且在星图底部附近的天体都在地平线附近，很可能无法被看到，因此在选星图的时候要弄清楚自己所处的纬度。

初学者在星空中寻找天体时，仅需 6~7 个星等以上的星图就能满足需要。如果要确定更准确的天体方位或者有某些特别用途时，则需要有标示更暗星体或深空星体的星图。

宇宙科学馆

星图中的方位是：左东右西，上北下南。星图里的东西方向与地图是相反的。这是由于人们在观测星空时，都是仰头观察的。

黄道星座

说起黄道星座，想必很多人都不陌生。那么黄道星座是怎么回事呢？

黄道星座的由来

据说，现在所谓的黄道十二星座，在约 5000 年以前的美索不达米亚就已经诞生，当时主要运用在历法上。

黄道十二星座的划分本身是一种太阳历，以春分点为起点，太阳在黄道带上做视运动，每运转 30 度为一宫，其实是一个太阳月。由于恒星实际上也在运动，星座的形状便会发生缓慢的改变，十二星座的图案也就有了一定的变化。

蛇夫座

摩羯座　　人马座

宝瓶座　　　　　　　　天蝎座

双鱼座　　　十二月　　　　　天秤座

三月　　　　　　　　　　　　九月

六月

室女座

白羊座　　　　　　　　　　　狮子座

金牛座　　双子座　　　巨蟹座

黄道星座的组成

黄道十二星座包括白羊座、金牛座、双子座、巨蟹座、狮子座、室女座、天秤座、天蝎座、人马座、摩羯座、宝瓶座、双鱼座。占星术采用了这十二个星座来

超神奇！

中国作为四大文明古国之一，也有一套独立的星座系统，大致归纳为三垣二十八宿。

反映一个人的先天性格和天赋，在全世界广泛流传。

此外，蛇夫座的一小部分也属于黄道星座，该星座并不为人们所熟知，但国际天文学联合会早在1928年就已经为蛇夫座命名了。蛇夫座位于武仙座和天蝎座之间。

黄道星座与黄道十二宫的关系

黄道星座是现代天文学对星座的一种分类。黄道十二宫则是专门用于占星算命的工具。二者绝对不能混淆。

前面我们已经提到，黄道是天球上一个虚构的360度大圆。各星座的面积是不同的，因此各个星座在黄道上占有的度数也是不同的。这就使太阳经过各个星座的时间各不相同，这对古人占卜来说很不方便。于是，占星术士们为了便于占卜，将天球上 360 度的大圆平均分成 12 份，称为十二宫，每宫占 30 度，再与黄道十二星座相结合，就有了黄道十二宫。

宇宙科学馆

1922 年，国际天文学联合会召开大会决定将天空划分为 88 个星座，其名称基本依照历史上的名称。1928 年，国际天文学联合会正式公布了 88 个星座的名称。这 88 个星座被划入 3 个天区，北半球 29 个，南半球 47 个，天赤道与黄道附近 12 个。

北斗七星

北斗七星属于大熊座的一部分，位于大熊座的尾部，由天枢、天璇、天玑、天权、玉衡、开阳、摇光七星组成。北斗七星是北半球天空重要的星象之一，因七星连在一起形如斗而得名。

北斗七星和纪历

古人很重视北斗七星，经常利用它来辨别方向，并根据它出现在天空中的方位来划分季节。古人根据北斗七星在夜空中的指向，就可以指导农业生产而不会误了时节。

此外，北斗七星以北天极为中枢，围绕它旋转。古人根据这一规律，通过不断的观测，将北斗七星所对应的位置划分为子、丑、寅、卯等12宫的空间区位。北斗七星每月、每日、每时所呈现的天象，和时钟的时针、分针、秒针各自的运转规律相对应。古人通过研究月、日、时及北斗星的运行规律和循环周期，制定出十天干和十二地支来纪历。

超**神**奇！

十天干：甲、乙、丙、丁、戊、己、庚、辛、壬、癸。十二地支：子、丑、寅、卯、辰、巳、午、未、申、酉、戌、亥。

北斗九星

在宋朝时，北斗七星曾称"北斗九星"。在宋代道教书籍《云笈七签》《黄老经》中都有提到北斗七星还有辅星和弼星的存在。只是后来，辅星和弼星慢慢消失，人们就很难再看到了。不过，在天文学上有一种寻找这两颗星的方法，即把北斗七星的斗柄继续延伸，就能看到有两颗暗星在北斗七星的后方，这两颗暗星就是现在牧夫座的 γ、λ 二星。

衍生文化

宇宙科学馆

在北方天空中，北斗七星是最重要、最吸引人的星象之一，从古至今，世界各国的天文学家都十分看重它。

北斗七星在不同的季节出现在天空的不同方位，古人根据初昏（黄昏）时斗柄所指的方向来划分季节：斗柄指东为春，指南为夏，指西为秋，指北为冬。

在古代，中国的天文学家特别将位于斗身的 4 颗星称为"魁"。魁就是传说中的文曲星，是掌管功名、禄位的神。在科举制时代，科举考试是可以决定学子们一生命运的。每逢大考，就有很多寒窗苦读的学子仰望北斗七星，祈求自己能够中举。

大熊座

大熊座是北天星座之一，位于小狮座和小熊座附近，与仙后座相对。大熊座一年四季都能被看到，但春天是最适宜观测的季节。

外形特点

我国古代人，往往将大熊座尾部的7颗星组合起来看成是一个汤匙的形状，这就是我们常说的北斗七星。北斗七星与其他明亮的恒星一起组成了一头熊的形状。观测大熊座时，汤匙的形状相比熊更容易被看到。因此，要找大熊座，我们可以先找北斗七星。勺子的顶部

宇宙科学馆

在希腊神话中，大熊座和小熊座分别代表被天后赫拉变成熊的美女卡力斯托和她的儿子阿卡斯，宙斯因为愧对他们而将他们放在星空中。

有 2 颗明亮的恒星，向外延伸形成了大熊座的头部。从大熊座的头部往下，又有 3 颗明亮的恒星向外延伸，形成了大熊座的前腿。如果你仔细观察勺子下方的恒星，就会发现大熊座的后腿。天空中的恒星会围绕着天球的北极点旋转，所以星座的位置不是一成不变的。

报春的星座

大熊座的面积在全天所有星座中排名第三。大熊座中的星星多得数不清，但肉眼可见的并不多。大熊座中有 6 颗 2 等星，6 颗 3 等星，还有不少 4 等星。6 颗 2 等星都分布在大熊的尾巴上，所以在大熊座中，北斗七星特别醒目。中国人把大熊座看作报春的星座，因为春季的黄昏后，这头大熊就会高高地倒挂在北方的夜空中，将尾巴指向东方。

双星系统

大熊座中有一对著名的双星。从勺柄开始数起的第二颗为 ζ 星，中国古代称为开阳星。仔细观察后会发现，这颗星附近有一颗暗星，它是大熊座 80 号星，中国古代称为辅星。开阳星和辅星组成了一对双星。它们虽然看上去挨得很近，但根据天文学家的观测，它们其实距离很远。像这种看上去离得很近，实则相距遥远的双星或聚星，在天球上并不少见。

超神奇！

开阳星和辅星有帮助人们检查视力的作用。在晴朗的夜晚，如果用肉眼可以看到开阳星旁的辅星，那么就表示视力可达到 1.5 左右。

北极星

北极星又称"勾陈一""北辰""小熊座 α 星",属于小熊座。实际上,北极星并不是一颗孤独的恒星,它的数量比看到的要多,除了主星北极星 A,还有一颗伴星,而北极星 A 是两颗看起来离得很近的恒星,所以北极星是由三颗星构成的聚星。

北极星的作用

由于北极星是距离北天极很近的一颗恒星,几乎正对着地轴,

超神奇!

我们如何才能找到北极星呢?先找到最显眼的北斗七星,将斗口的两颗星(天枢、天璇)连线,朝斗口方向延长约 5 倍远的那颗亮星,就是北极星。

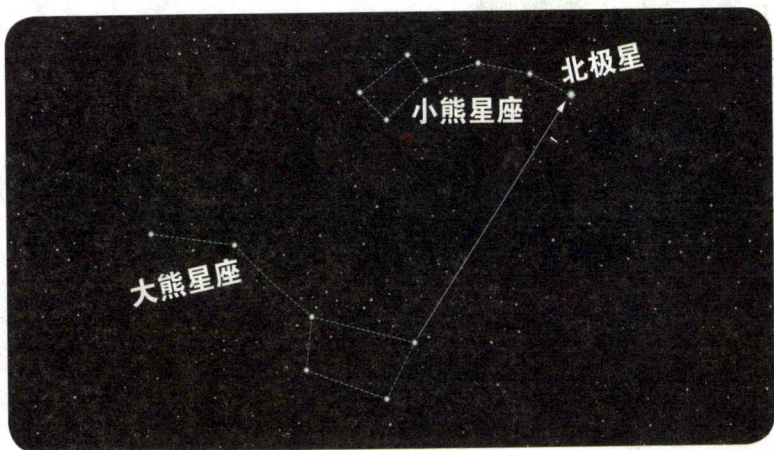

北极星

小熊星座

大熊星座

因此从地球北半球上看，它的位置相对其他恒星来说是不变的。在古代，人们在航海或野外活动时经常会迷路，而北极星所在的方向永远是北方，所以在没有罗盘的情况下，人们就常以北极星作为辨别方向的重要指标。

到了现代，北极星虽然很少再被人们用来辨别方向，但其在天文摄影、观测室赤道仪的准确定位等大的领域依然发挥着非常重要的作用。

北极星的伴星

早在 200 多年前，天文学家威廉·赫歇尔就已发现北极星有一颗亮度较大的伴星——北极星 B。天文学家还发现，北极星是一颗内部能量反应活跃的超巨星，其亮度是太阳的 2000 多倍，而北极星 B 却是一颗正趋于沉寂的矮星。

宇宙科学馆

14000 多年以前，北半球看到的北极星并不是现在的勾陈一（小熊座 α），而是织女星。由于地轴的运动，织女星失去了北极星的地位。而再过大约 12000 年，织女星就会重新"夺回"北极星的位置。

小熊座

小熊座是最接近北天极的北方星座，在托勒密 48 星座中和现代 88 星座中都有小熊座。

外形特点

小熊座被描绘成一头小熊的身体和尾部。将小熊座中的 7 颗亮星连接起来，会构成与大熊座的北斗七星相似的斗形，

超神奇！

曾经，小熊座是一个重要的导航星座，在航海中发挥着重要作用。这是因为小熊座的勾陈一就是北极星。

所以这 7 颗星也被称作"小北斗"，但是亮度较低，所以远没有北斗七星那么受关注。

小熊座的亮星

小熊座中最亮的 7 颗星分别是 α、δ、ε、ζ、β、γ 和 η 星，它们在中国古代分别被命名为勾陈一、勾

宇宙科学馆

"星等"是天文学中表示天体明暗程度的术语。天文学规定，天体的明暗一律以星等来表示，星等数越小，表示天体越亮。星等数每相差 1，天体的亮度就相差约 2.512 倍。

陈二、勾陈三、勾陈四、帝星、太子和勾陈增九。

　　位于小熊座尾尖上的是小熊座 α 星，即著名的北极星，为勾陈五星的第一颗，是北天星空中的主要亮星之一。小熊座 α 是一颗变星，同时它还是一个三合星系统。

　　小熊座 β 为北极五星中的第二颗，是北天星空中的主要亮星之一。小熊座 β 与 γ 同位于小熊座中"小北斗"的斗口，因此合称为"护极星"。

牧夫座

若从北斗七星的斗柄延伸出一道弧线，所指向的便是牧夫座。

外形特点

牧夫座被想象成一个赶熊的牧人，他一手拿着一根拐杖，一手拿着一把镰刀。牧人的身体是由一个星群连接起来的五边形构成的，其中大角星是最亮的。这两个特点使牧夫座成为北方天空中很容易被识别的星座，它看上去好似一只在天际飘扬的风筝。

大角星

大角星即牧夫座 α 星，是牧夫座最亮的一颗星，很容易辨别，沿着北斗七星斗柄的 3 颗星向下找，便可以找到。牧夫座中的大角星是一颗距离地球很近的橙色红巨星，仅有 37 光年。天文学家推测，大角星是一颗与太阳类似的恒星，但会在太阳之前毁灭。大角星里的氢元素逐渐消耗殆尽，正处于恒星生命的末期。

超神奇！

大角星虽然位于北半球，但距离天球赤道的纬度不到 20 度，因此在南半球也是可以看见的。在北半球的春天、南半球的秋天，可以同时看见这颗恒星。

牧夫座 τ

往大角星的旁边找，可以找到一颗叫牧夫座 τ 的恒星。它被一颗叫牧夫座 τ 星 b 的行星环绕着。这颗行星是科学家在 1996 年发现的，是人类最早发现的太阳系外行星之一，被归类为"热木行星"。

星座神话

在希腊神话中，关于牧夫座来源的说法不止一个。其中一个是这

宇宙科学馆

牧夫座中总共有 29 颗肉眼可以看见的恒星，其中有 13 颗亮于 4 等的星。

样讲的：众神之王宙斯用法术把美丽的女神阿德剌斯忒亚和她的姐妹伊达分别变成了大熊座和小熊座。可是，宙斯的妻子赫拉生性傲慢又妒忌心强，她不打算放过这两姐妹，便又请海神波塞冬派出一个猎人，到天上驱赶这两头熊，永远不许它们到地平线下休息。这个猎人就是牧夫座。

猎犬座

虽然猎犬座的亮星很少，但因其位于北斗七星和大角星之间，所以在星空中发现猎犬座并非难事。猎犬座区域内的天空看起来非常空旷，实际上这里有一些值得研究的有趣的天体。

超神奇！

猎犬座位于大熊座和牧夫座之间，由在牧夫座旁边的两颗恒星组成，象征着牧人放出两条猎犬去追捕熊，而猎犬奔向的熊就是在北天极的大熊座和小熊座。

猎犬座的亮星

猎犬座中最亮的星为猎犬座 α，它是一个双星系统。猎犬座 α 在我国古代被称为常陈一，英国天文学家埃德蒙·哈雷给它取名为"查理之心"，用来纪念英国国王查理二世。

猎犬座中另一颗比较亮的恒

星是猎犬座 β，我国古代称其为常陈四。它是猎犬座第二亮星。猎犬座 β 在年龄、质量和进化阶段上都与太阳十分相似。

　　除了以上两颗恒星，猎犬座就只剩暗星了，因此这个星座显得较为冷清。在晴朗的夜晚，在猎犬座 α 和大角星连线的中点可以发现一颗很不起眼的"星"，有时甚至得借助小型望远镜才能看到。但如果在大型望远镜下观察就会发现，其实它不是一颗星，而是由 20 多万颗星

组成的星团。这个猎犬座星团呈球形，直径约有 40 光年，天文学称其为"球状星团"。

宇宙科学馆

人们通常把恒星数超过 10 颗并且有共同起源、相互间存在物理联系的星群称为"星团"。球状星团是一种外形似球形的星团。

猎犬座的发现

猎犬座是由波兰天文学家约翰·赫维留于 17 世纪末发现并命名的。此前，阿拉伯天文学家就曾将该区域与牧夫座相关联，并把它归为牡羊座的一部分。

北冕座

北冕座的恒星呈环形，很容易识别。由于靠近牧夫座，北冕座处在北天中的一片空旷天界，为这片缺少深空天体的区域增添了些许趣味。

北冕座的亮星

北冕座位于北天，在牧夫座与武仙座之间。在牧夫座大角星与天琴座织女星连线靠近大角星的方位，有一个明亮的双星系统，它就是北冕座 α。它是北冕座最亮

的星，我国古代称其为贯索四。北冕座 β 是北冕座第二亮星，我国古代称其为贯索三，它是一颗变星，平时的亮度一般都不高，肉眼勉强能看到，但有时会变得非常暗。北冕座 τ 也是变星，而且是再发新星，平常是比较暗的，但它每隔数十年就会发生爆炸，这时它就会变得非常耀眼。

星座特点

北冕座里有大约 400 个星系，而且这些星系聚集在一起构成了一个巨大的星系团。北冕座星系团内大部分是椭圆星系，它的年龄比由各种星系混合组成

超神奇！

北冕座内的 7 颗星组成了一个马蹄形的图案。在希腊神话中，它是克里特岛的阿里阿德涅公主与酒神狄俄尼索斯成婚时戴的王冠，上面镶嵌着 7 颗宝石，北冕座的每一颗星都象征阿里阿德涅公主王冠上的一颗宝石。

的不规则星系团（如武仙座星系团）小得多。

埃布尔 2065 星团

埃布尔 2065 星团在北冕座的西南方，它是能被一般天文观测设备观测到的最远的天体之一。尽管如此，由于该星团的亮度很低，必须依靠专业的天文观测设备或长久曝光拍摄设备才能进行观测。埃布尔 2065 星团是美国天文学家乔治·埃布尔在 20 世纪 50 年代记录的许多远距离星团中的一个，该星团约有 400 个星系，距离地球约 100 万光年。

宇宙科学馆

武仙—北冕座长城是一个由无数星系组成的巨大星系群，它的最长端跨度超过 100 亿光年，是人类目前观测到的宇宙中最大的天体结构，被天文学家称作"宇宙长城"。它是天文学家使用雨燕伽马暴探测卫星和费米伽马射线空间望远镜在 2013 年 11 月发现的。

狮子座

狮子座是黄道星座之一，是天空中最容易被识别的星座之一，也是为数不多的闻其名而知其形的星座。

狮子座的亮星

狮子座中的亮星很多，我们用肉眼能看到的就有约 70 颗，其中 5.5 等以上的恒星就有 52 颗，所以说狮子座是一个十分闪亮的星座。

狮子座中最亮的星是狮子座 α 星，在我国古代象征着帝王，被称为轩辕十四。它发出耀眼的蓝白色亮光，全天亮度排名第 21。狮子座 γ，古人称其为轩辕十二，是狮子座的第二亮星，也是一个著名的双星系统，其中最亮的 γ1 是一颗红色巨星，它的发光能力比太阳还要强，但是它离地球太远了，所以我们看不到它多少光芒。

另一颗子星 $\gamma 2$ 是一颗黄色巨星。这两颗星在望远镜下很容易被看到。

名称由来

超**神奇**！

狮子座流星雨是最著名的流星雨，因其数量多、速度快而被称为"流星雨之王"。1833 年，狮子座流星雨曾迎来一次大爆发，持续了好几个小时，最多时每小时出现了 10 万颗流星。

狮子座被列入星图已经有几千年了。有一种较为普遍的说法是，在 4000 多年前的古埃及，每逢仲夏节当太阳移动至狮子座的区域时，会有很多狮子聚集到尼罗河谷喝水，狮子座因此得名。在古罗马天文学家托勒密最早划分的 48 星座中，狮子座是包含后发座和狮子座天区的。在古代，狮子尾巴上的毛常被联想成后发座天区。一般认为后发座是由第谷·布拉赫在他 1602 年的星表（开普勒于1602年第谷死后在布拉格出版）中最先提出。

观测狮子座

狮子座在室女座和巨蟹座中间，北边有大熊座和小狮座，南边有长蛇座、六分仪座和巨爵座，西面是后发座。

要想在夜空中找到狮子座，最好的办法是先找到春季大三角。春季大三角最西边的顶点就是狮子座 β，我国古代称为五帝座一，它是狮子中较亮的星之一，代表了狮子的尾巴。再继续向西看，几颗恒星组成了狮子的身体，狮身下方的一些星星组成了狮子的四肢，狮身上方由南向北延伸出一把镰刀的形状，这里就是狮子的脖颈和头了，狮子座 α 就在其脖颈的下方，它是狮子的心脏。

宇宙科学馆

春季大三角指春季高挂在星空中的由室女座的角宿一、狮子座的五帝座一及牧夫座的大角星3颗亮星组成的三角形。

室女座

室女座是黄道星座之一，是一个著名的春季星座，也是全天面积第二大的星座。室女座在狮子座以东，牧夫座以南。每年的春季太阳落山后不久，它就会出现在东方的地平线上。在春夏两季的夜空中室女座一直闪耀着光芒。

室女座的亮星

超神奇！

2019年4月10日，人类首次在室女座M87星系的中心看见了黑洞的真容，该黑洞距离地球5500万光年，质量约为太阳的65亿倍。该黑洞的核心区域存在一个阴影，周围环绕着一个新月状的光环。

室女座不仅面积大，星座中的亮星也非常多，其中亮于5.5等的恒星有58颗。室女座 α 在我国古代被称为角宿一，它是室女座内的最亮星，也是全天排名第16的亮星，是一个双星系统，在北半球春季的夜晚十分明亮。室女座 γ ，我国古代称其为东上相或太微左垣二，

是室女座第二亮星，是一对很容易被观察到的双星，但有时会被月球掩盖光芒。室女座 ε，我国古代称其为东次将或太微左垣四，是室女座第三亮星，它是一颗黄色巨星。

室女座星系团

室女座星系团是一个距离地球（59±4）百万光年，位于室女座内的星系集团，拥有约1300（也可能高达2000）个星系。它位于规模更大的本超星系团的中心，而我们银河系所在的本星系团只是这个集团的外围成员。这个星系团的中心部分在室女座中延伸的弧度可达8度，其中有许多星系用小型望远镜就能看见。

此外，室女座星系团中还有一些较明亮的星系，如巨大的椭圆星系M87等，都在17世纪70年代末至80年代初被法国天文学家梅西叶收录在他的类似彗星天体的目录中。它们最初被形容为"不含恒星的星云"，直到19世纪20年代人们才认清它们的本质。

星座神话

宇宙科学馆

太阳于每年9月17日前后到11月1日前后在室女座天区中运行。其间包括了秋分、寒露和霜降3个节气。公元前18世纪到公元前4世纪，秋分点位于天秤座天区内，现代的秋分点位于室女座。

在希腊神话中，得墨忒耳是掌管农业的女神，她的女儿普西芬尼是谷物与丰收女神，长得十分美丽。有一天普西芬尼被冥王哈得斯掳走，成了他的王后。失去了女儿的得墨忒耳十分悲痛，他不顾手中的农活儿，四处奔走寻找女儿，导致谷物颗粒无收。宙斯得知后，害怕大地彻底荒芜，因此命令冥王将普西芬尼送回去。但此时普西芬尼已经成了冥王的妻子，而且冥王对普西芬尼施了法术，她每年中有6个月无法离开冥王，因此只能在剩下的6个月里回去陪伴母亲。就这样，每当普西芬尼与母亲重逢时，大地就会恢复生机，于是形成了春天和夏天；而当普西芬尼回到冥府时，大地又会渐渐荒芜，谷物减产，因此形成了秋天和冬天。室女座就是得墨忒耳的化身。每当春季来临，室女座会在东方闪耀，而到冬季，我们就看不到室女座了。

猎户座

　　这个明亮且容易识别的星座，一直以来就是南北天球中重要的成员。猎户座里面有很多天体值得天文学家去研究，如即将诞生恒星的活跃星云、即将结束生命的恒星等。

猎户座的亮星

　　猎户座是冬夜星空中较容易辨认的星座之一。星座中的 α（参宿四）、γ（参宿五）、β（参宿七）、κ（参宿六）4 颗星构成了一个四边形。在猎户座中央，δ（参宿三）、ε（参宿二）、ζ（参宿一）3 颗星排成一条直线。这 7 颗星在猎户座中相对较亮，其中 α、β 星是比较亮的 2 颗星，其他 5 颗星稍暗一些。一个星座中聚集了这么多颗亮星，而且这些亮星排列得十分规则，看起来很壮丽，难怪自古以来，人们都把猎户座视为力量、坚强、成功的象征，把它比作神、勇士、超人和英雄。

超神奇!

猎户座是一个非常明显的星座，全世界的人都能看到它那些分布在天球赤道上耀眼的星。

历史形象

在不同的古代文明中猎户座的形象是不一样的。苏美尔文明中，猎户座是一只绵羊；希腊神话中，猎户座代表勇敢对抗公牛的猎人奥赖温；在我国古代，猎户座是二十八星宿之一的"参宿"。在杜甫《赠卫八处士》的诗句"人生不相见，动如参与商"中，"商"指的是天蝎座，这两句诗描述的是参宿与商宿此出彼没，无法相见，正如人别离后不能常相见一样。

猎户座星云

在古代，人们一直认为猎户座星云是一颗星星，直到望远镜出现以后，才发现它是一个星云。猎户座星云的编号是 M42，距离地球约 1500 光年，直径约 15 光年，质量大约是太阳质量的 300 倍，和太阳系一样位于银河系中。猎户座星云是一个能发光的气体星云，也是目前仅有的几个能用肉眼看见的星云。同时，这里还是著名的恒星诞生区。

宇宙科学馆

星云是一种云雾状天体，由星际空间的气体与尘埃构成。星云的形状多变，体积庞大，在银河系中，星云的直径通常为几光年到几十光年。

双子座

双子座是黄道星座之一，是一个非常容易被观测到的星座。双子座位于金牛座和巨蟹座之间，御夫座和天猫座在它的北面，人马座和小犬座在它的南面。

双子座的亮星

双子座中的亮星很多，能用肉眼看到的就有约 70 颗，其中视星等高于 5.5 等的恒星有 47 颗。

超神奇！

双子座流星雨是北半球三大流星雨之一，每年 12 月初至 12 月中旬处于活跃期，辐射点就位于双子座附近。双子座流星雨亮度大，色彩丰富，每年 12 月 13—14 日是最佳观测时间。

双子座 α 是一个明亮的六合星系统，而且是全天排行第 23 的亮星，我国古代称其为北河二。双子座中最亮的星是双子座 β，它是双子座中唯一的 1 等星，是全天排行第 17 的亮星，我国古代称其为北河三。双子座 γ，我国古代称其为井宿三，是一个双星系统，是双子座第三亮星。

宇宙科学馆

如果我们用肉眼直接看双子座 α，它看上去是一颗单独的恒星；如果用望远镜观察，则会发现有另一颗恒星被双子座 α 的引力牵引着。实际上，这两颗恒星都是双星系统，而且附近还有另外一对双星。因此，双子座 α 并不是一颗星，而是一个六合星系统。

天文形态

双子座的英文是"Gemini"，在拉丁语里是双胞胎的意思。在 2 月夜晚的星空，如果你从猎户座的参宿七开始画一条线连到参宿四并延长，就会发现一对耀眼的亮星，它们就是双子座的主星——双子座 α（北河二）和双子座 β（北河三）。这对亮星位于双子座兄弟的头部。沿着这两颗星向西南方观测，就可以发现几乎平行的两列亮星，其中每一列中都有 3~4 颗亮星，这些星体和北河二、北河三构成一个 n 形。这两列亮星就如同肩并肩站立的双子座两兄弟的躯体。这个 n 形的中间和两边，都有几颗亮星，将它们连接到 n 形上，就组成了两兄弟并肩站立的模样。

星座神话

传说卡斯托尔和波吕克斯两兄弟是斯巴达王后勒达和宙斯的孩子，两兄弟一起长大，感情深厚，而且都酷爱冒险。有一回，卡斯托尔和波吕克

斯兄弟俩与他们的堂兄弟，另一对双胞胎伊达斯和林克斯一起去抓牛。他们抓到了很多牛，准备平分时，贪心的伊达斯和林克斯却将牛全部偷偷带走了。两对兄弟因此起了争执，大打出手，结果伊达斯用箭射死了卡斯托尔。波吕克斯悲痛万分，他恳求宙斯，希望能以自己的生命为代价，让兄弟起死回生。宙斯深受感动，将兄弟俩的形象置于夜空，变为双子座。

金牛座

金牛座是黄道星座之一，位于白羊座以东，猎户座西北，英仙座以南，是北半球较明亮的大星座之一，看上去就像一只向着猎户座奔去的公牛。

金牛座的亮星

金牛座中的亮星很多，其中视星等高于 5.5 等的恒星有 98 颗。金牛座的主星是金牛座 α，即毕宿五，是一颗非常耀眼的橙色亮星，也是全天排行第 13 的亮星。金牛座 α 的英文名字是"Aldebaran"，意思是"追随者"，因为它总是在昴星团后出现。

宇宙科学馆

根据星团包含的恒星数、形状及在银河系中的位置分布，可将其分为疏散星团和球状星团。疏散星团通常包括几百甚至几千颗恒星，结构松散，形状也不规则。球状星团包括成千上万甚至几十万颗恒星。越靠近球状星团的中心，恒星就越密集。

昴星团位于金牛座，肉眼即可看到，平时能看到 7 颗亮星，因此又名七姐妹星团。昴星团是著名的疏散星团，据天文学家估计，昴星团内部有 500~1000 颗恒星。

金牛座里还有另一个有名的疏散星团，因为有几颗亮星位于毕宿，所以叫作毕星团，它与金牛座 α（毕宿五）组成了金牛座的头部。毕星团内有 300 多颗成员星，总质量约是太阳质量的 300 倍，是离太阳系最近的疏散星团。

天文形态

在所有星座中有四位王者交替管辖着全年的夜空，金牛座就是其中之一。金牛座的主星金牛座 α（毕宿五）在黄道附近，与狮子座的轩

超神奇！

如果你位于北半球，观测金牛座的最好时机是每年 1 月初晚上 10 点前后。在冬天，仰望星空，你能看见在猎户座西北方向由属于毕星团的亮星和毕宿五排列成的耀眼的 V 形图案，那就是金牛座的牛角和头颅。

辕十四、南鱼座的北落师门、天蝎座的心宿二等处于黄道附近的星体一起被古波斯天文学家称为四大王星。这4颗恒星的视星等都要低于1.5等，而且在天球上互成约90度角，将天球分为四等份，每颗恒星统治一季夜空，互不干扰。

星座神话

腓尼基的公主欧罗巴长得十分美丽。宙斯见到美丽的欧罗巴公主后心动不已。而且宙斯发现，欧罗巴经常和牛群一起玩耍。为了赢得欧罗巴公主的芳心，宙斯化作一头毛色雪白、牛角闪亮的牛混进牛群，然后慢慢靠近欧罗巴。欧罗巴一见到这头白牛就深深地被它吸引，宙斯化身的白牛趁机示意欧罗巴骑到他背上，单纯的欧罗巴果然中计。于是白牛就驮着欧罗巴游到海里，直到在克里特岛上岸，宙斯才露出他的真面目，并向欧罗巴公主表达爱意。

欧罗巴无奈，只能同意宙斯的追求。后来，她给宙斯生下了三个儿子。宙斯为了纪念此事，将自己当初化身的白牛放到天上，变为金牛座。

仙后座

仙后座位于仙女座北边，仙王座南边，与大熊座遥遥相对。仙后座距离北天极很近，因此在北半球一整年都能看到仙后座。10~11月是观测仙后座的最佳时期。

超神奇！

仙后座中有很多美丽的星系、星团和星云，天文爱好者可以通过小型望远镜去欣赏星空中天体的姿态。如仙后座NGC281的气泡星云、发射星云、NGC147星系等。

仙后座的亮星

仙后座与北斗七星遥相辉映，其中用肉眼就可以看见的星星有100颗以上，但亮星并不多。仙后座 α，我国古代称其为王良四，平时是仙后座第一亮星。仙后座 β，我国古代称其为王良一，是仙后座第二亮

星。仙后座 γ 星，我国古代称其为策，是一颗爆发变星，它爆发的时候，会暂时成为仙后座第一亮星。

天文形态

仙后座是一个非常容易辨认的星座，它的形态比较简单，由 5 颗亮星排列成英文字母 W 形，开口朝向北极星。这是仙后座最主要的特征。仙后座位于仙王座、英仙座与仙女座之间，隔着北极星与大熊座遥遥相对。

一般情况下，当大熊座没入地平线后，仙后座就转

宇宙科学馆

凡是能够观测到亮度变化的恒星，都称为变星。有的变星亮度变化是有周期的，有些变星的亮度变化是突发性的，其中变化最剧烈的是爆发变星中的超新星。爆发变星的光变是由恒星的周期性爆发引起的，光变可能发生一次或多次。

到地平线上方；当大熊座升起的时候，仙后座就落下去了。北极星刚好位于大熊座和仙后座的中间，所以人们常常将这两个星座交替的现象作为北极星出现的标志。

星座神话

在希腊神话中，仙后座是埃塞俄比亚的王后卡西奥佩娅的化身。卡西奥佩娅虚荣心很强，她经常炫耀自己的美貌，说她比海神波塞冬的女儿

涅瑞伊得斯还美，结果得罪了海神波塞冬。于是，生气的海神派海怪到埃塞俄比亚大肆破坏。为了平息海神的怒火，国王克甫斯祈求神谕，神谕中的解救之法就是要将公主安德洛墨达献给海怪，不过英雄珀尔修斯最终救下了安德洛墨达。王后卡西奥佩娅终于醒悟，她的虚荣心不仅给国家带来了灾难，还险些让自己失去了女儿。因此，在她升天成为仙后座后，一直高举双手，弯腰忏悔。

仙王座

仙王座是北天星座之一，一年四季都能够被看到，尤其是在秋天的夜晚。仙王座在银河系北侧，大部分都在银河中，离北极星非常近，与北斗七星遥遥相对。仙王座内的几颗亮星组成的形状看起来像一座教堂。

仙王座的亮星

仙王座本身的亮度并不大，而且仙王座周围的星座都更加明亮，如果不仔细观察的话，仙王座是很难被找

到的。

仙王座 α，我国古代称其为天钩五，它是一颗白色亮星，也是仙王座内第一亮星，据说它在3000多年以后将会成为新的北极星。仙王座 β，我国古代称其为上卫增一，是一个三合星系统，而且仙王座 β 属于脉动变星，亮度会周期性地变化。在仙王座中，最值得关注的是 δ 星，我国古代称其为造父

超神奇！

在希腊神话中，仙王座象征着埃塞俄比亚的国王克甫斯，他就是变为仙后座的卡西奥佩娅王后的丈夫，也是安德洛墨达的父亲。

一，它是一个双星系统，也是造父变星的原型。1784年，英国天文学家约翰·古德利克发现造父一的亮度在其周期内不断发生变化，之后天文学家便将自身亮度不断变化的恒星统称为"造父变星"。

宇宙科学馆

造父变星是脉动变星中的一种，它的光变周期越长，其光度越大。这种规律被称为周光关系。在测量未知的星团、星系时，只要观测到其中的造父变星，就能利用周光关系确定星团、星系的距离。

观测特点

仙王座中占据主导地位的都是变星。目前，天文学家在仙王座的主要亮星中已经发现至少3颗脉动变星。仙王座β（上卫增一）是仙王座中的一个三合星系统，它的主星是一颗蓝白色巨星，因其亮度变化不明显，所以必须用专业的观测设备才能发现其中的细微差别。仙王座δ（造父一）亮度的变化幅度比上卫增一要大，如果和它周边的恒星做对比，就很容易发现造父一亮度的变化。天文学家常利用造父变星的光变来测定遥远的星系与我们的距离。

英仙座

英仙座是北天较有名的星座之一，在仙后座和仙女座的东边。英仙座内部有许多明亮的恒星，每年秋天的夜晚，是观测英仙座的好时机。

英仙座的亮星

英仙座象征的是希腊神话中赫赫有名的英雄珀尔修斯，但作为一个星座，英仙座却并不耀眼，整个星座只有一颗 1 等星和少量的 2 等星，其余都是 3 等及以下的恒星。

英仙座 α，我国古代称其为天船三，是一颗黄白色的超巨星，是英仙座中最亮的恒星，

超神奇！

英仙座流星雨的辐射点在英仙座 γ 星附近，因此也被称为英仙座 γ 流星雨。其与象限仪座流星雨和双子座流星雨并称为北半球三大流星雨。英仙座流星雨的活动时间在每年 7 月下旬至 8 月下旬，8 月 13 日前后流量最大，是最活跃、最容易被观测到的流星雨。

用望远镜很容易找到它。英仙座 β，我国古代称其为大陵五，是英仙座第二亮星。英仙座 β 是一个著名的食变双星系统。英仙座 ζ，我国古代称其为卷舌四，是一颗蓝白色超巨星，是英仙座第三亮星。英仙座 ζ 也是一个双星系统，卷舌四的主星可以用肉眼看见，不过它的伴星却很暗。

英仙座 A

英仙座 A 是英仙座星团的一个重要星系。英仙座 A 在可见光范围内向我们展示了两个不同星系碰撞的壮观

宇宙科学馆

英仙座星系团是位于英仙座方向距离地球约 2.5 亿光年的一个星系团。这个星系团的成员星系超过了 1000 个，里面有大量黄色的椭圆星系。英仙座星系团内含有若干强射电源，是目前在 X 射线波段能够观测到的最亮的星系团。

景象。星系群可以发出 X 射线，这种特别的气纤维是由氢发出的，它发出的光很特别，是与银河系中心黑洞周围星团气体相互作用的结果。

星座神话

在希腊神话中，大英雄珀尔修斯是诸神之王宙斯的儿子。智慧女神雅典娜要他想办法取下蛇发女怪美杜莎的头，并承诺，事成后会将他提升到天界。美杜莎头上满是毒蛇，凡是被她看一眼的人都会变成石头。珀尔修斯脚穿有翅的飞鞋，头戴隐身盔，凭借青铜盾的反光，

躲开了美杜莎的目光，成功砍下美杜莎的头颅。然后，从美杜莎身体里跳出来一匹飞马，珀尔修斯骑着它逃走了。在返回途中，珀尔修斯顺便解救了埃塞俄比亚的公主安德洛墨达，后来与她结婚。而美杜莎的头被交给了雅典娜，雅典娜遵守诺言，将珀尔修斯升到天界，化成如今的英仙座。

仙女座

仙女座是北天星座之一，位于大熊座的下方，飞马座附近。仙女座因仙女座星系而为人所熟知。

仙女座的亮星

仙女座 α，我国古代称其为壁宿二，是一颗分光双星，亮度会发生变化，但变化不大，是仙女座第一亮星。仙女座 β，我国古代称其为奎宿九，是一颗红巨星。仙女座 γ，我国古代称其为天大将军一，是一个迷人

超神奇！

地球经过比拉彗星的轨道时，比拉彗星将会瓦解成小石块与尘埃颗粒，形成比拉流星群。比拉流星群的辐射点位于仙女座，如果出现流星雨就称为仙女座流星雨。仙女座流星雨一般出现在每年的 11 月中旬，是较著名的流星雨之一。

的四合星系统，是仙女座第三亮星。我们利用小型天文望远镜观察仙女座 γ，就能够看到它的两颗子星，一颗是明亮的黄星，另一颗是稍暗的蓝星。

蓝雪球星云

蓝雪球星云，即 NGC 7662，也叫科德韦尔 22，是位于仙女座的一个行星状星云，是很受天文爱好者喜欢且很容易发现的天体之一。我们

宇宙科学馆

仙女座星系是我们能用肉眼看到的最遥远的星系。仙女座星系看上去非常暗弱、模糊，实际上它是一个巨大盘状结构的旋涡星系，也是距离银河系最近的大星系。

通过小型天文望远镜观测蓝雪球星云，能够看到一个蓝绿色的星点；通过中级规模的望远镜观测，能够很明显地看到星盘。

天文形态

在希腊神话中，仙女座象征为了拯救国家，被拴在岩石上献给海怪的安德洛墨达公主，她是埃塞俄比亚国王克甫斯和王后卡西奥佩娅的女儿。仙女座中的第一亮星壁宿二是公主的头；从壁宿二的位置向下看，有几颗稍暗的恒星连在一起，构成了公主的身体；从这几颗星向两侧延伸的几颗恒星，构成了她的手臂及锁住她的锁链；再往下有几颗恒星斜着向两侧伸展出去，它们构成了公主的腿。

星座神话

  相传古代埃塞俄比亚国王克甫斯和王后卡西奥佩娅育有一位公主，名为安德洛墨达。王后经常吹嘘自己是世界上最美的，甚至比海王波塞冬的女儿还漂亮。海王波塞冬知道后非常生气，就命鲸鱼怪到埃塞俄比亚残害百姓。后来，国王在神的帮助下拯救了百姓，但条件是将公主安德洛墨达锁在海边的岩石上，来供奉鲸鱼怪。就在此时，英雄珀尔修斯正好从此地经过，他救下公主并与之结婚。后来，公主被升到天界，成了仙女座。

飞马座

飞马座是北天星座的一员，在仙女座的西南方。它的东面是白羊座和双鱼座，西南方是宝瓶座和摩羯座。飞马座是全天第 7 大星座，靠近黄道。

飞马座的亮星

飞马座 α，中国古代称其为室宿一，是秋季四边形的一员。室宿一是飞马座第三亮星。飞马座 β，中国古代称其为室宿二，也是秋季四边形的一员。室宿二是一

颗红巨星，也是不规则变星，亮度会发生不规则变化，是飞马座第二亮星。飞马座 ε 是飞马座第一亮星，中国古代称其为危宿三，危宿三也是一颗变星，它的英文名是"Enif"，意为"鼻子"，因为它位于飞马座的鼻尖。

观测飞马座

飞马座与宝瓶座、双鱼座、小马座、仙女座和天鹅座等星座相邻。在秋季夜空中，要想观测飞马座，首先要找到最明显的飞马–仙女大方框，眼力好的人能在四边形星象中看到四五十颗恒星。沿着四边形西侧边线由飞马座 α 星和 β 星的连线向南（从飞马座 β 星向飞马

座 α 星
的方向）延
伸约 3 倍的距
离，可以看到秋
季南方夜空的著名亮星——南鱼座 α 星
（北落师门）；如果沿四边形东侧边线向北延
伸约 4 倍距离，可以找到北极星。

飞马座的旋涡星系

　　飞马座旋涡星系 NGC7742，其直径约为 3000 光
年，距离地球约有 7200 万光年。其形状与颜色类似荷包
蛋，因此也被称为"荷包蛋
星系"。蓝白色的恒星诞
生区围绕在星系核周围，
它的旋臂不是很明显。
NGC7742 属于赛弗
特星系，最大的特
点是星系核在可见
光波段十分明亮。实
际上，这一星系在每个

超神奇！

　　秋季四边形，也被称为飞
马-仙女大方框。它横跨两个
星座，由飞马座 α（室宿一）、
飞马座 β（室宿二）、飞马座 γ
（壁宿一）、仙女座 α（壁宿二）
共同组成了一个近似正方形的星
星组合，在北半球秋季的夜空中
十分明显。

电磁波段都很明亮，且它的亮度变化周期为几天到几个月不等。科学家推测，飞马座的旋涡星系内核很可能藏有大质量的黑洞。

星座神话

希腊神话中，英雄珀尔修斯斩下蛇发女怪美杜莎的头颅后，从美杜莎的躯体中飞出来一匹长着翅膀的白马，这匹白马名叫珀伽索斯。珀尔修斯骑上马，救下了公主安德洛墨达。后来，这匹马被天神宙斯提升到天界，就变成了现在的飞马座。这就是飞马座、英仙座和仙女座挨在一起的原因。

宇宙科学馆

赛弗特星系是第一种被发现的活动星系，以它的发现者美国天文学家卡尔·赛弗特命名。赛弗特星系是有非常明亮星系核的旋涡或棒旋星系，具有很强的高电离发射线（谱线很宽）和强大、变化的 X 射线，尽管它们并不辐射无线电波。

白羊座

白羊座是黄道星座之一，它的东边是金牛座，西边是双鱼座，北边是英仙座。白羊座中主要的 3 颗星排列成的形状酷似一把老式手枪。白羊座的最佳观测时期是北半球每年 12 月中旬的晚上八九点。

白羊座的亮星

白羊座的亮星不多，有 28 颗视星等超过 5.5 等的恒星。其中有 1 颗 2 等星和 1 颗 3 等星。星座中能用肉眼看到的星就只有

超神奇！

把白羊座中的亮星相连，就能在星空中构成一条曲线，曲线一边是白羊座的身体，另一边是白羊座的羊角和羊头。

白羊座 α、β、γ1 和 γ2，同时这 4 颗恒星也是构成白羊座最主要的恒星。

白羊座 α，我国古代称其为娄宿三，是白羊座第一亮星，是全天排名第 46 的亮星。白羊座 β，我国古代称其为娄宿一，是白羊座第二亮星，是一个双星系统。白

羊座 γ，我国古代称其为娄宿二，也是一个双星系统，是白羊座第三亮星。白羊座 γ1 和 γ2 就是我们常说的双星。很多时候，它们看上去像一颗星，实际上它们是两颗星，只是由于它们离得太近，我们用肉眼难以区分。而且这两颗星是人类较早发现的双星之一。

观测白羊座

白羊座是黄道星座的第一个星座。古希腊时期，白羊座是最接近春分点的星座，但是现在春分点已经移到了双鱼座。

在秋季和冬季的夜空中，明亮的秋季四边形可以帮

宇宙科学馆

白羊座内有一些不易被发现的小型流星雨的辐射点，比如白羊座 δ 流星雨和秋季白羊座流星雨。而且它们每小时的出现率很低，因此一般很难被天文爱好者观测到。

助我们找到白羊座。如果将四边形北边的飞马座 β 和仙女座 α 相连，并向仙女座 α 的方向延长约 1.5 倍的距离，在直线下方能够看到 3 颗较为明亮的星星，它们就是白羊座的主星。

在星空中，白羊座的 3 颗主星 α、β、γ 构成了一个钝角三角形。这 3 颗星从秋末到春初会在星空中一直闪着微光，但白羊座中的其他星体全年都比较暗，甚至难以被看到，因此我们往往无法在群星璀璨的夜空中找到它们，只能看到这 3 颗较为明亮的主星。

天琴座

天琴座是夏夜星空中一个非常明亮的星座，也是北天星座之一。天琴座位于银河系的西岸，被天龙座、武仙座及天鹅座包围。天琴座的主星是织女星，它与银河彼岸的牛郎星遥遥相望。

天琴座的亮星

天琴座内视星等在6等以上的恒星有53颗，其中在4等以上的星有8颗。

天琴座 α，又被称为织女星或织

宇宙科学馆

天琴座流星雨出现在每年4月的中下旬，它的观测历史十分悠久。《左传》记载："（鲁庄公七年）夏四月辛卯夜，恒星不见，夜中星陨如雨。"这是世界上对天琴座流星雨的最早记录。

超神奇！

在夏季夜空的东南方，天琴座的织女星、天鹰座的牛郎星和天鹅座的天津四共同组成了一个明亮的三角形，叫作夏季大三角。

女一，是天琴座第一亮星，也是全天排名第5的亮星。它还是一颗矮造父变星，亮度会发生周期性变化。表面看来，牛郎星位于银河系东南侧，织女星位于银河系西北侧，二者只有一"河"之隔，但它们之间的距离约16.4光年，这大概是地球和太阳之间距离的100万倍。天琴座 β，我国古代称其为渐台二，是天琴座内一颗著名的亮星。天琴座 β 是一个双星系统，这两颗恒星之间的距离非常近，因此它们在轨道上绕行的时候会相互遮掩，天文学中将这种现象叫作食变现象。天琴座 γ，我国古代称其为渐台三，是天琴座内第二亮星，也是一颗蓝白色的巨星。

星座神话

　　在希腊神话中，光明之神阿波罗的儿子俄耳甫斯是一个音乐天才。他擅长演奏七弦琴，每当他弹琴的时候，岩石都会为之落泪，草木和禽兽也无法抗拒美妙的琴声。俄耳甫斯有一个美丽的妻子叫欧律狄刻，两个人生活得十分幸福。可是，有一次欧律狄刻在野外玩耍时意外被毒蛇咬死了。悲痛欲绝的俄耳甫斯跑到冥国，用自己的琴技感化了冥王，冥王答应他将死去的欧律狄刻复活，条件是俄耳甫斯在领着欧律狄刻返回人间的路上绝不能回头看她。遗憾的是，就在俄耳甫斯快要迈出冥国大门的时候，他还是忍不住回头看了一眼他的妻子，这次，他永远失去了他心爱的妻子。痛失爱妻的俄耳甫斯也因悲伤过度而死。宙斯可怜他，便将他的七弦琴升到天界，变成了天琴座。

天鹰座

天鹰座在天琴座南方，海豚座西方，人马座北方，是黄道周边的星座，大部分在银河中。

天鹰座的亮星

天鹰座内视星等在 6 等以上的恒星有 87 颗，其中视星等在 4 等以上的恒星有 13 颗。

天鹰座 α，我国古代称其为河鼓二或牛郎星，是天鹰座第一亮星，也是全天排名第 12 的亮星，这颗恒星很好分辨，在北半球的夜空中能清楚地用肉眼看到。天鹰座 α 是天鹰座中最值得关注的恒星，是夏季大三角中的一角。织女星和它隔岸相望，看上去要比它亮一些。天鹰座 γ，我国古代称其为河鼓三，是

超神奇！

古人很早就注意到了牛郎星。《星经》有载："牵牛，名天关。""牵牛"就是指牛郎星。《汉书·地理志》则记载："粤（越）地，牵牛、婺女之分野也，今苍梧、郁林、合浦、交趾、九真、南海、日南皆粤分也。"

天鹰座的第二亮星。

天鹰座 ζ，我国古代

称其为天市左垣六，是

天鹰座第三亮星。天鹰座 ζ

是一个双星系统，它的外文名字

是"Deneb el Okab"，源自阿拉伯语，意思是"猎鹰的

尾巴"。

天鹰座的新星

据科学家观测，天鹰座中曾多次发生新星爆发。比如，1918 年天鹰座中突然出现一颗亮度极高的恒星，当时它的亮度仅次于天狼星。天文学家将这种在几小时或几天内亮度急剧增加的恒星称为新星。

宇宙科学馆

新星并不是新生的星体，相反是正走向衰亡的老年恒星。一颗恒星步入老年时，它的中心会向内收缩，而外壳却向外膨胀，总有一天它会猛烈地爆发，抛掉身上的外壳，同时释放出巨大的能量。这样，在短短几天内，它的光度将有可能增加几十万倍。

星座神话

　　在希腊神话中，天鹰座代表的是宙斯的爱鸟——雷鸟。这只雷鸟用宙斯的宝物暴风雷镜帮宙斯收集天上的雷电，宙斯用雷鸟收集的这些雷电攻击敌人。雷鸟最出名的事迹就是它将美少年甘尼美提斯抓到天界，替代宙斯之女赫柏担任宴会侍者，为众神倒酒。宙斯对甘尼美提斯的表现十分满意，对自己的宠物雷鸟也非常喜爱，于是就将这只雷鸟升入天界，变成了天鹰座。

天蝎座

天蝎座位于南半天球，是黄道星座之一，而且是黄道星座中最明亮的一个，也是一个非常接近银河中心的大星座。

天蝎座的亮星

天蝎座的亮星又亮又多，其中能用肉眼看到的星星就有大概 100 颗，包括 1 颗 1 等星、3 颗 2 等星、10 颗 3 等星、10 颗 4 等星，在夏天的夜空非常引人注目。

天蝎座 α，我国古代称其为心宿二，红色 1 等星，它是天蝎座内第一亮星，是全天排名第 15 的亮星。它还是目视双星系统，用肉眼就能区分出两颗子星。天蝎座 λ，我国古代称其为尾宿八，是天蝎

座第二亮星。它是由 5 颗恒星组成的聚星系统。天蝎座 λ 的英文名是 "Shaula"，意思是 "蝎子的螫刺"。天蝎座 θ，我国古代称其为尾宿五，为黄白色亮巨星，是天蝎座第三亮星，也是全天排名第 40 的亮星。

天文形态

天蝎座每到夏季就会出现在南半球的天空，但对生活在北半球的人来说，每年 7 月的夜晚是观测天蝎座的最佳时间。

天蝎座中最亮的心宿二与它西侧稍远处的几颗星星组成了一个扇形，构成了天蝎的头部和胸部。心宿二正好位于蝎子的胸口，在西方这颗星也有着 "天蝎之

超神奇！

夏季的银河由天蝎座东侧向北伸展，横贯天空，气势磅礴，极为壮美，但只能在没有灯光干扰的野外才能欣赏到。

85

心"的绰号。再将心宿二与它东南方向的几颗星连接起来，形成钩状，它们是蝎子的身体和尾巴，这只蝎子的身体从胸口开始一直到长长的蝎尾都沉浸在银河里，似乎这只蝎子是在银河里洗澡。

 **宇宙科学馆**

心宿二是一颗红超巨星，因为它会发出火红色的光芒，十分耀眼，甚至比火星还要明亮，所以我国古代的人又给心宿二起了"大火"这个名字。成语"七月流火"中的"火"字指的就是心宿二。

星座神话

在希腊神话中，代表猎户座的奥赖温是海神波塞冬的儿子，他是一个非常勇敢的猎人，力大无穷，狩猎过很多凶猛的野兽。后来他变得骄傲自大，常常吹嘘自己是世界上最强的猎人，没有他抓不到的野兽。结果有一次，奥赖温走路时，被一只蝎子蛰到，很快就毒发身亡了。毒死奥赖温的这只蝎子就是天蝎座。

蛇夫座

蛇夫座位于赤道带,在银河系的西侧,武仙座南面,天蝎座和人马座北面。蛇夫座是唯一同时跨越了天球赤道、黄道及银道的星座。蛇夫座在全天88个星座中排第11。

蛇夫座的亮星

蛇夫座虽然没有猎户座或天蝎座那样耀眼,却是个巨大的星座。在蛇夫座中,肉眼可见的恒星约有100颗。蛇夫座中没有1等星,但有1颗2等星、7颗3等星和15颗4等星。

超神奇!

国际天文学联合会在1928年规范星座边界后,确定黄道中共有13个星座。其中,蛇夫座虽然也被黄道经过,但由于约定俗成等原因,未被列入星占学使用的黄道十二宫之中。

蛇夫座 α 是蛇夫座内最亮的恒星,我国古代称其为侯,是夏季星空的亮星之一。蛇夫座 η,我国古代称其为天市左垣十一,是蛇夫座第二亮星,也是全天排名第

85 的亮星，是一个双星系统。

　　除了这些亮星，蛇夫座中还有一颗与太阳系的距离仅次于半人马座 α 星（比邻星）的恒星，距离太阳仅 5.9 光年。这颗恒星在 1916 年被美国天文学家巴纳德首次发现，因此被命名为巴纳德星。从地球上观测，这颗恒星

宇宙科学馆

　　1604 年，蛇夫座内的一颗暗星发生了爆炸，这场超新星爆炸在长达一年的时间内都能被人们看到。由于德国天文学家开普勒首先观测到了这次超新星爆炸，因此这颗恒星被命名为开普勒超新星，世界多国均有观测记录。

位于蛇夫座 β 以东，且一直在朝太阳系移动。

天文形态

蛇夫座的星座形态十分奇怪，而且与巨蛇座有一定的联系。如果你仔细观察就会发现，蛇夫座是一个十分宽大的星座，看上去像一个多边形，在这个多边形中有一条曲线穿过，把蛇夫座分为两段，这条曲线就是巨蛇座。蛇夫座也因此成为夜空中唯一与其他星座交接在一起的星座。而蛇夫座的星象被描绘成一个人手抓巨蛇的形象。

星座神话

在希腊神话中，医药神阿斯克勒庇俄斯的医术十分高明，他救治了很多得了重病的人，甚至掌握了使人起死回生的医术。由于他不断地救治，死亡的人变得越来

越少。冥王哈得斯
大为恼火，于是向
他的兄弟宙斯告状。
宙斯碍于兄弟情面，也
为了维护天神的权威，不分青
红皂白就用天雷杀死了阿斯克勒庇俄斯。后来，宙斯了
解到阿斯克勒庇俄斯是一位受人尊敬的医生，感到十分
后悔，于是就将阿斯克勒庇俄斯的灵魂升天，成了如今
的蛇夫座。

人马座

人马座是一个位于南天的黄道星座，也被称为射手座，位于蛇夫座和天蝎座以东，天鹰座以南。银河系的核心就在人马座内，位于人马座、天蝎座和蛇夫座的交界处。

人马座的亮星

人马座在银河系核心的照耀下，显得十分明亮，它的内部虽然没有 1 等星，却有 2 颗 2 等星、8 颗 3 等星，而且分布比较集中，因此很容易被观测到。

人马座 ε，我国古代称其为箕宿三，是人马座第一亮星，也是全天排行第 37 的亮星，是一个双星系统。人

宇宙科学馆

太阳在每年 12 月 16 日前后运行到人马座天区，经过小雪和大雪两个节气，在冬至（每年 12 月 22 日左右）这一天到达黄道上的冬至点，也是黄道的最南点。这一天北半球白昼最短、夜晚最长。

马座 σ，我国古代称其为斗宿四，是人马座第二亮星。
人马座 ζ，我国古代称其为斗宿六，是人马座第三亮星，
也是一个双星系统。

如果将人马座中的 μ、λ、φ、σ、τ、ζ 6 颗星
连起来，会发现它们也组成了一个勺子的形状，很像北
斗七星，因此我国古代把这 6 颗星合称为"南斗六星"。

人马座的天体

人马座位于银河系的中心，而且人马座内的天体密
度非常高，其中有许多疏散星团和球状星团，还有不少
明亮的星云。例如球状星团 M22，它是较容易被观测到

的球状星团之一，也是离地球较近的球状星团之一。疏散星团 M23，是一个内部至少有 150 颗恒星的古老星团。礁湖星云（M8）是一个深受天文爱好者喜爱的粉红色星云，可以直接用肉眼观测到。天文学家发现礁湖星云内部充满了炽热的气体，有许多新的恒星正在诞生。

星座神话

在希腊神话中，有一个上半身为人、下半身为

超神奇！

1922 年，天文学家在人马座发现了一道巨大的蛇形闪电，它长达 150 光年，宽 2~3 光年，并且还在不停地摆动。科学家估计，它已经持续数百万年了。

马的种族，名叫人马族。人马族中有一个叫喀戎的智者，他为人善良，十分聪明，且擅长教学，精通音乐、医术、狩猎等多种学问，几乎无所不能，是许多神话人物的老师，天琴座的琴手俄耳甫斯和蛇夫座的神医阿斯克勒庇俄斯等都是他的徒弟。但不幸的是，在一次人马族和敌人的战斗中，喀戎不小心被毒箭射中，最终失去了生命。宙斯对他的死感到悲痛不已，决定将喀戎升到天界，成为人马座。